AF388690

NOTICE

SUR LES

PIVOINES EN ARBRE.

PARIS.

IMPRIMERIE DE Mme Ve DONDEY-DUPRÉ,

RUE SAINT-LOUIS, 46, AU MARAIS.

1842

NOTICE

SUR LES PIVOINES EN ARBRE,

ADRESSÉE A L'ACADÉMIE DES SCIENCES.

MESSIEURS,

Les *pivoines en arbre*, dont nous sommes redevables au Céleste Empire, n'ont encore été considérées que comme un des plus pompeux ornements de nos jardins, et n'ont attiré l'attention que des jardiniers et des amateurs de jardinage. Cependant, par les diverses particularités qui les distinguent, non-seulement des autres espèces de la même tribu, mais même de tous les autres membres de la grande famille végétale, elles ont des droits à une étude plus sérieuse. Si donc vous daignez m'accorder un instant d'attention, j'aurai l'honneur de vous exposer quelques faits qu'un goût particulier pour la culture de ces plantes m'a donné l'occasion d'observer.

Je dois commencer par le dire , Messieurs, les pivoines qu'on appelle *en arbre* ne sont pas des arbres ; ce ne sont pas même des arbrisseaux ; et c'est un de leurs caractères , que, participant tout à la fois de la nature des arbres et de la nature des herbes, elles ne sont complétement ni les uns ni les autres. Si, par exemple, la pousse printanière d'une pivoine en arbre (car je ne pourrais cesser de lui donner ce nom sans courir le risque de n'être pas compris), si, dis-je, la pousse printanière d'une pivoine en arbre s'élève à cinquante centimètres, l'automne venu , dix centimètres seulement auront passé à l'état ligneux , et les quarante restant subiront toutes les conditions des plantes herbacées, se dessécheront, pour ne laisser bientôt aucune trace de leur première existence.

En cherchant dans le Jardin du Roi la place qu'y occupent les pivoines , je les trouve entre les *delphinium* et les *magnolia*, non loin des *clématites* et des *anémones*, c'est-à-dire environnées, à peu près également, de plantes ligneuses et de plantes herbacées. Dès lors je suis conduit à conclure qu'arrivée à cette période de son travail, la puissance végétale a autant de tendance à produire les premières que les secondes. Mais ordinairement, quel que soit celui des deux partis auquel elle s'arrête, elle complète toujours son sens. De la racine au sommet les *delphinium* sont des herbes ; de la racine au sommet,

les *magnolia* sont des arbres. Les pivoines en arbre, seules,
présentent ce double phénomène doublement imparfait. Elles
ont trop de force pour rester de simples herbes; elles n'en ont
pas assez pour devenir tout à fait des arbres. Luxe et misère;
excès de vigueur et symptôme d'impuissance : tels sont les
principaux caractères qui distinguent la tige des pivoines en
arbre, de la tige non-seulement des pivoines de nos climats,
mais même de toutes les autres plantes connues. Vous ver-
rons tout à l'heure qu'elles présentent ce double caractère
jusque dans les principaux détails de leur organisation

Une seconde particularité qui distingue les pivoines en
arbre des pivoines de nos climats, c'est qu'indépendamment
des ovaires, dans lesquels leurs graines sont enfermées, ces
ovaires eux-mêmes sont enveloppés dans une sorte de *chemise*,
qu'aucun des tissus produits par l'artifice de l'homme ne dé-
passe en finesse et en légèreté.

Un savant académicien dont la perte est trop récente pour
avoir laissé à vos regrets le temps de s'affaiblir, M. Turpin,
a pensé que ce nouvel appareil n'était autre chose que des
étamines métamorphosées, et pour bien constater sa pensée,
il a créé tout exprès un mot qui sert à la préciser (1). Quel
que soit le respect dû aux opinions émises dans votre sein,

---

(1) Phycosteme φύκος, στήμων.

et qui, tant qu'elles ne sont pas contestées par vous. peuvent passer pour être aussi les vôtres , je ne pense pas qu'il soit possible de se ranger à cet avis.

En physiologie végétale, pour qu'on puisse dire qu'il y a métamorphose, il faut qu'un organe nécessaire ait disparu de la place qu'il occupe habituellement, et qu'il y soit remplacé par un autre inutile dans la position qu'il a usurpée. il faudrait donc, dans le cas présent , que la place où se trouve le frêle tissu qui recouvre les ovaires des pivoines en arbre fût ordinairement occupée par les étamines. Il n'en est pas ainsi, et malgré l'apparition de ce nouvel organe. les étamines n'ont pas souffert la moindre altération, et la place qu'il occupe ne leur est pas ordinairement réservée.

Sans doute , les métamorphoses ne sont pas rares dans le règne végétal. A la place destinée aux organes mâles, on trouve quelquefois des organes femelles ; ou bien, à la place des organes femelles, on trouve des organes mâles. On dirait qu'avant de passer à l'organisation du règne animal, la nature a préludé sur les végétaux à la formation des sexes; on dirait qu'elle commence à animaliser. Mais cette première tentative n'est pas constante dans son uniformité. Ici, par exemple, c'est une surabondance de force. c'est un luxe de précautions placées sur la partie la plus importante de la plante, sur les ovaires, sans cependant apporter le moindre préjudice à aucune parcelle d'aucun autre organe. La frêle enveloppe dont, avant moi, s'est occupé M. Turpin, n'a rien de commun avec la merveille dont les étamines sont un des indispensables éléments : et quand même on en trouverait un jour quelques-unes à la place qu'elle occupe aujourd'hui, ce serait alors elle qui aurait subi la métamorphose, et non les étamines. Elles seraient les usurpatrices, et non la puissance légitime. i sa fragilité peut laisser du doute sur son utilité, sa position n'en laisse pas sur l'erreur dans laquelle est tombé M. Turpin. C'est un organe spécial ; c'est un nouveau caractère commun à toutes les pivoines en arbre, quoique distribué entre elles dans des proportions différentes. Le nom qu'il a reçu jusqu'ici ne lui convient donc pas. Il n'appartient qu'à vous, Messieurs, de lui en assigner un conforme à sa nature et qui ne varie plus.

Le Céleste Empire ne nous a encore envoyé que trois espèces, ou même, si l'on veut, que trois variétés de pivoines en arbre. Elles ont été nommées par un botaniste anglais, la première, *pæonia fruticosa moul-than* (Andrews) ; la seconde, *p. f. papaveracea*, et la troisième, *p. f. rosea*. Il en possède, dit-on, beaucoup d'autres, de bleues, de jaunes, enfin de toutes couleurs ; car la Chine est le pays le plus avancé du globe dans l'art de cultiver la terre et d'en varier les produits. Jusqu'à nos jours, elle a bien gardé ses secrets, et s'est montrée peu jalouse de connaître ceux des barbares Européens. Mais aujourd'hui, il y a brèche à ses idées comme à ses murailles. Nos mœurs vont entrer en contact avec les siennes. C'est le plus grand événement d'un siècle déjà fertile en grands évé-

nements. Quelles seront les conséquences de ce choc entre
deux civilisations si opposées l'une à l'autre? quelle sera la
moisson d'une semence aussi extraordinaire? il est difficile de
le prévoir. Comme les Chinois ne craignent pas la mort, nous
leur apprendrons facilement à mieux défendre leur vie. En re-
vanche, peut-être, ils nous apprendront à mieux régler la
nôtre. Mais laissons à la politique ses brillantes conceptions
et ses vastes pensées. Revenons aux pivoines en arbre. Le
Céleste Empire, ai-je dit, ne nous en a encore envoyé que trois
espèces. Chacune d'elles sera ici l'objet d'un léger examen.

Celle des trois qui a reçu l'épithète de *papaveracea*, parce
que l'onglet de chacun de ses pétales porte une tache qui rappelle celle de nos pavots les plus riches en couleur, présente
la chemise dont je viens de parler dans son état le plus par-
fait. Cette perfection forme le caractère distinctif de cette espèce. Durant la floraison, ses ovaires en sont si bien enveloppés, qu'on n'aperçoit plus que leurs stigmates couleur de
feu qui se détachent sur un fond d'un violet foncé. On dirait
les jeunes fruits du grenadier tels qu'on les rencontre fréquemment sur les collines qui avoisinent la ville éternelle. À me-
sure que les ovaires grossissent, le voile qui les couvrait se
déchire, pour ne laisser à la maturité des graines que des lam-
beaux inhérents à un cercle dont les derniers vestiges ne dis-
paraîtront pas. La pivoine papavéracée est toujours à fleurs
simples. Ses étamines sont très-nombreuses; ses ovaires seulement au nombre de cinq. Des trois que je viens de désigner,

c'est la seule qui ne présente aucune anomalie. Elle mûrit parfaitement ses graines ; et si j'avais été assez habile pour mener à bien toutes celles que j'ai recueillies, j'aurais maintenant un champ de pivoines en arbre.

Tandis que la pivoine papavéracée est constamment à fleurs simples, la pivoine *moul-than* est constamment à fleurs doubles. Aussi est-elle bien plus généralement cultivée que les deux autres. Elle nous est d'ailleurs arrivée la première, et c'est probablement à cet incident qu'elle doit d'avoir conservé chez nous le nom qu'elle porte dans son pays.

Ordinairement, quand une fleur est double, quand ses étamines sont métamorphosées en pétales, les ovaires participent plus ou moins à cette métamorphose. La fécondation ayant moins de chances, il est rationnel que son principal appareil soit moins complet. Dans la pivoine moul-than, c'est le contraire qui arrive. On ne trouvera pas une seule de ses fleurs qui ait moins de dix à douze ovaires. Quelquefois elles en ont quinze et vingt. C'est encore là un fait dont je ne connais pas d'autre exemple. Vous avez bien pu voir, Messieurs, plusieurs espèces de roses, du centre desquelles s'élève un pédoncule qui porte une autre fleur, aussi complète que celle dont elle émane, et que par cette raison on nomme *prolifères*. Dans la moul-than, ce n'est pas une fleur complète qui s'échappe de son centre : ce ne sont que des ovaires. Elle est *fœtifère*. C'est là son caractère particulier ; c'est-à-dire qu'elle est pour-

vue d'un nombre d'embryons disproportionné aux moyens
qu'elle possède de les mener à terme. Tous cependant ne restent
pas également à l'état d'embryons. Dans les pivoines en arbre,
la vigueur est toujours mêlée à l'impuissance. J'ai dit que c'é-
tait là leur caractère général. Les principales variétés du commerce (et il en possède déjà un assez grand nombre) proviennent de la moul-than. La chemise qui enveloppe ses
ovaires n'est jamais entière comme dans la papavéracée. Leur
abondance a fait éclater ce tissu, comme les pétales trop nom-
breux d'un œillet font éclater le calice qui les tenait enfermés.
Toutes ces particularités sont fort remarquables, et de quelque côté qu'on les envisage, c'est toujours une espèce très-
curieuse.

Maintenant, la pivoine moul-than provient-elle de la papavéracée? ou la papavéracée provient-elle de la moul-than?
ou bien encore, sont-ce deux espèces entièrement distinctes?
Ces trois opinions peuvent également se soutenir. Dans l'état
présent des idées sur la matière, la plante-mère est la plante
simple, et la plante double est le produit des semis et de la
culture. Mais, dans les pivoines en arbre, l'exubérance est
due, comme nous le démontrerons tout-à-l'heure, à la nature
intime du tissu végétal. Or, comme il suffit de la plus légère
modification, soit dans les éléments constitutifs d'une plante,
soit dans ceux de la terre où ses racines sont plongées, soit
dans ceux de l'air dans lequel ses feuilles respirent, pour ame-
ner une dérogation aux lois ordinaires, la pivoine en arbre a

pu naître double dans une de ces circonstances, et simple dans une autre. La papavéracée et la moul-than pourraient donc être deux espèces distinctes; et l'idée d'établir entre elles un ordre de filiation, quelle que soit celle des deux à laquelle on attribue l'honneur de la maternité, serait également une erreur.

Quant à la troisième pivoine, à celle qui a reçu du nomenclateur anglais l'épithète de *rosea* (pivoine à odeur de rose), et que cette épithète ne caractérise que bien imparfaitement, c'est évidemment une espèce entièrement distincte des deux autres. Son bois, ses feuilles, ses fleurs, ses ovaires, diffèrent essentiellement du bois, des feuilles, des fleurs et des ovaires des deux autres espèces. Il y a autant de différence entre la pivoine qu'on appelle à odeur de rose et la papavéracée ou la moul-than, qu'entre la rose à cent feuilles et la rose du Bengale. Elle n'est jamais ni parfaitement simple, comme la papavéracée, ni parfaitement double, comme la moul-than ; mais il arrive fréquemment qu'à côté d'une fleur à peu près simple, on en rencontre une autre si parfaitement double, qu'on n'y trouve pas la moindre trace ni d'étamines ni d'ovaires. C'est là son caractère particulier. Elle mûrit rarement et difficilement ses graines ; mais quand cela lui arrive, elles dépassent de beaucoup en grosseur celles de la papavéracée et de la moul-than. Le plus ordinairement, à peine la plante est-elle defleurie, qu'on aperçoit leurs rudiments avortés en dehors des valves mal closes des loges destinées d'abord à les contenir. On dirait des graines de millet blanc qui seraient tombées là

par hasard. La chemise qui doit les protéger est moins laci-
niée que dans la moul-than, parce qu'elles sont moins nom-
breuses : elle est moins parfaite que dans la papavéracée, parce
qu'elles sont moins égales. J'ai dit, en commençant, que la
qualification qui tenait à son odeur était insuffisante. En
effet, pour qu'elle fût exacte, il faudrait que cette espèce fût
la seule qui sentît la rose ; et il y en a déjà plusieurs dans le
commerce, une surtout, qui rappelle cette odeur avec plus
de pureté que celle même qu'on suppose jouir seule de ce
privilége. Si donc quelqu'un voulait un jour classer les pivoines en arbre avec quelque régularité, c'est encore une cor-
rection qu'il lui faudrait faire, et un nom nouveau qu'il faudrait imposer.

Maintenant, quelle peut être la cause de cette exubérance
qui caractérise tout le genre? Quel est, dans les éléments constitutifs de ce végétal, celui qui contribue spécialement à l'organisation du tissu ligneux, dont sont dépourvues toutes les
pivoines de nos climats? Ici la question s'agrandit; car autre
chose est constater les faits, autre chose est pénétrer les cau-
ses à l'aide desquelles ils se produisent : et tout en nous occu-
pant de fleurs, nous touchons à une des plus grandes ques-
tions de physiologie végétale.

C'est un fait acquis à l'histoire des végétaux dans son do-
maine particulier, qu'une graine est d'autant plus lente à se
développer qu'elle contient plus de carbone. Or, le dernier

caractère qui distingue les pivoines en arbre, c'est que leurs graines, au lieu de lever au printemps le plus voisin de l'époque de la semence, comme celles des pivoines de nos climats, ne lèvent qu'un printemps plus tard; c'est-à-dire, que celles semées en octobre 1841 ne sortiront de terre qu'au printemps de 1843. Une graine étant un abrégé complet de la plante dont elle sort, comme de celle qu'elle doit reproduire, il me semble conforme aux lois d'une logique rigoureuse de conclure qu'à force et à grandeur égale, les pivoines en arbre contiennent plus de carbone qu'aucune des plantes que nous connaissons. Ensuite, et toujours au nom des lois éternelles de la logique, il est permis, au moins, de conjecturer que cette surabondance de carbone est la véritable cause de tous les phénomènes que je viens de décrire, et notamment de la substitution du tissu ligneux au tissu herbacé. Mais il y a là bien des obstacles à surmonter : car nous voici en dehors des voies ordinaires. Vous allez voir, Messieurs, par quelle série de combinaisons *l'instinct végétal* finira par y rentrer.

D'abord la trop forte proportion de carbone est l'obstacle qui a retenu longtemps l'embryon captif dans son enveloppe, et il lui a fallu commencer par brûler son carbone, pour en dégager l'acide carbonique; mais ensuite, pour passer à l'état de plante, il faut que la graine fasse exactement le contraire de ce qu'elle vient de faire. Elle a brûlé son carbone pour dégager l'acide carbonique; il faut maintenant qu'elle décompose l'acide carbonique pour s'en approprier le carbone. Les *cotylédons* ou feuilles séminales sont le premier moyen que lui a donné la nature pour accomplir cette seconde opération. Mais si en même temps que la graine dégage son acide carbonique, les feuilles séminales le décomposent, l'excès de proportion ne sera pas détruit, et la plante ne végétera pas.

Voici comment le problème va se résoudre. La partie de l'embryon destinée à devenir racine s'enfoncera dans la terre, plus de trois mois avant celle qui porte les cotylédons , avant la partie destinée à devenir tige. Ainsi, la graine aura eu tout le temps de dégager son acide carbonique avant d'avoir fourni le moindre moyen d'en décomposer de nouveau; et comme si cela ne suffisait pas, les cotylédons ne pouvant absorber l'acide carbonique que lorsqu'ils sont exposés à la lumière, ceux des pivoines en arbre ne se développeront jamais que sous terre. Quand donc les premières feuilles viendront à paraître à sa surface, il y aura déjà longtemps que l'équilibre aura été rétabli (1). Qui ne serait ici

---

(1) Quand à force de temps, de patience et de soins, on voit enfin la pivoine en arbre sortir de terre et qu'on se croit arrivé au terme d'une trop longue attente, il n'est pas rare de voir la jeune plante se flétrir d'un instant à l'autre, sans qu'aucune cause vienne expliquer ce sinistre. Il y en a une cependant, mais elle n'est pas apparente.

Les feuilles séminales dont je viens de parler forment, au point de leur jonction autour de la plumule, une sorte de godet dans lequel viennent nécessairement s'arrêter les eaux, soit des pluies, soit des arrosements. Si le

saisi d'admiration! quel être doué d'intelligence ne reporte-
rait pas involontairement sa pensée vers le Souverain Maître,
dont la munificence met autant d'harmonie dans le frêle tissu
d'un végétal que dans la marche éternelle des mondes!

Après avoir suivi avec une attention scrupuleuse les pivoines en arbre dans leurs développements les plus intimes,
je n'ai pas pensé que ma tâche fût encore remplie. Je n'a-
vais fait que les observer; j'ai voulu pénétrer plus avant. Je
les ai soumises à une double épreuve, dont les conséquences.
si elles venaient à se réaliser également dans le sens de mes
prévisions, jetteraient un nouveau jour non-seulement sur la
question en elle-même, mais sur l'avenir même de la science.

D'abord j'ai voulu savoir si par l'intervention des pivoines
herbacées dans la fécondation des pivoines en arbre, la force lignescente de celles-ci ne se trouverait pas sensiblement affaiblie.
Pour cela j'ai fait choix, du côté des pivoines herbacées, tantôt de la p. *villosa*, à cause de la transparence de ses pétales.

---

cultivateur n'est pas en garde contre ce danger, s'il ne sait pas qu'il suffit
du séjour, pendant quelques minutes, d'une goutte d'eau dans ce vase
malencontreux, pour perdre la plante, il doit s'attendre à voir souvent frus-
trer ses espérances. Tant que dure la germination latente des pivoines en
arbre, et même pendant le premier mois de l'apparition des feuilles, les arrosements doivent être ménagés avec beaucoup de soin. Le jeune plant ne re-
doute pas la sécheresse : j'en ai fait maintes fois l'expérience.

tantôt de la p. *daurica*, à cause de l'éclat de ses couleurs. Du côté des pivoines en arbre, j'ai choisi la p. *papaveracea*, à cause de la régularité de son organisation. Je cite des noms spécifiques, pour que l'expérience puisse être répétée. Par malheur je suis réduit à prendre ceux du commerce, qui varient souvent d'un marchand à un autre. De toutes les espèces de pivoines dont je parle dans cette notice, la p. moul-than est la seule qui se trouve à l'école du jardin royal des plantes; et pour les autres je suis privé d'un guide, dont le secours m'aurait été si nécessaire.

Je n'ignore pas que dans ces sortes d'expériences, quel qu'en puisse être le résultat, comme l'œil ne peut pas pénétrer dans les replis où le mystère s'accomplit, et que la pensée elle-même s'y perd et s'y confond, le doute est le premier besoin comme le premier droit. Cependant les plantes que j'ai obtenues de la fécondation de la p. *papaveracea* par les fleurs de la p. *villosa* sont si différentes de celles qui proviennent de la fécondation ordinaire, que j'ai pu croire au succès. Elles sont remarquablement plus faibles dans toutes les parties de leur organisation. J'en possède une si bien proportionnée dans sa petite taille, que j'ai pu lui donner le nom de *lilliputiana*. Elles portent toutes beaucoup plus de bourgeons que les autres; mais la plus grande partie avorte. Les fleurs sont tres-variées en couleurs et assez bien faites. Quant à leur force ligneuse, elle n'a, ostensiblement du moins, souffert aucune altération.

Aujourd'hui j'en suis à la seconde épreuve, ou plutôt à la contre-épreuve. Par la première, j'ai tenté de savoir jusqu'à quel point la puissance lignescente des pivoines en arbre pourrait être altérée par la fécondation d'une pivoine herbacée, et je n'ai trouvé aucune trace d'altération. Par celle-ci, je tente de découvrir si cette puissance lignescente est telle qu'une pivoine herbacée fécondée par une fleur de pivoine en arbre doive nécessairement donner naissance à une pivoine ligneuse. Cette fois, j'ai fait choix, du côté des pivoines ligneuses, toujours de la p. *papaveracea*, et du côté des pivoines herbacées, de la p. *splendens* et de la p. *à fleurs d'anémone*; parce que les étamines de ces deux espèces étant pétaloïdes, leurs ovaires sont ordinairement stériles. Si donc elles deviennent fécondes par cette intervention, le doute aura perdu un de ses points d'appui. Mais l'expérience est trop récente pour pouvoir rien hasarder : il faut savoir attendre.

Devant vous, Messieurs, je n'ai pas balancé à exposer ces détails, parce que du fait le plus indifférent en apparence, des esprits aussi élevés que les vôtres peuvent tirer des conséquences non moins importantes qu'imprévues. C'est en réfléchissant sur le travail du ver à travers une pièce de bois que M. Brunel a conçu le plan d'un passage sous la Tamise. Si, dans la question que je viens de traiter, un examen plus approfondi venait à confirmer ce qui n'est encore indiqué que par la théorie; si la chimie, par la précision de son analyse, venait à constater, dans chacun des produits vé-

gétaux, la part spéciale qui revient à chacun des éléments
constitutifs de l'ensemble ; si, dis-je, cette expérience venait
à se réaliser, on pourrait espérer de voir bientôt, à la place
de l'obscure ornière de la routine, s'ouvrir un autre passage, conduisant directement à tous les genres d'améliorations
dans l'art le moins avancé et cependant le plus important de
tous les arts, celui de cultiver la terre.

J'ai l'honneur d'être avec un profond respect,

Messieurs,

Votre très-humble serviteur,

Ch. **HIS**,

Inspecteur général des Bibliothèques.

Paris, ce 3 janvier 1843.